KAVIN R
ANBUMANI S
NANDAGOPAL V

Seguidor solar inteligente de eixo duplo com sensor de humidade integrado

KAVIN R
ANBUMANI S
NANDAGOPAL V

Seguidor solar inteligente de eixo duplo com sensor de humidade integrado

ScienciaScripts

Cover image: www.ingimage.com

This book is a translation from the original published under ISBN 978-620-8-17006-6.

Publisher:
Sciencia Scripts
is a trademark of
Dodo Books Indian Ocean Ltd. and OmniScriptum S.R.L publishing group

120 High Road, East Finchley, London, N2 9ED, United Kingdom
Str. Armeneasca 28/1, office 1, Chisinau MD-2012, Republic of Moldova, Europe
Printed at: see last page
ISBN: 978-620-8-21285-8

RASTREADOR SOLAR INTELIGENTE DE EIXO DUPLO COM SENSOR DE HUMIDADE INTEGRADO

AUTORES R.KAVIN MS.S.ANBUMANI DR.V.NANDAGOPAL

ÍNDICE DE CONTEÚDOS

RESUMO

A energia solar está a dar passos rápidos como uma plataforma importante para a energia limpa. É a luz do dia e o calor que são aproveitados utilizando uma variedade de avanços em constante desenvolvimento, como o aquecimento baseado na luz solar, a energia fotovoltaica, a inovação quente baseada no sol, a engenharia orientada para o sol, as centrais eléctricas de sal fundido e a fotossíntese artificial. Os rastreadores orientam os painéis ou módulos solares para o sol. Estes sensores mudam a sua orientação durante o dia para seguir a direção do sol e otimizar a recuperação de energia. A utilização de seguidores solares melhorará a produção de eletricidade em cerca de um terço e, nalgumas regiões, até 40% em relação aos módulos de ângulo fixo. Em todas as aplicações solares, a eficiência de conversão é aumentada através da mudança constante dos módulos para o ângulo ótimo à medida que o sol se move no céu. Este projeto introduz o conceito de um dispositivo de seguimento solar baseado no Arduino UNO, que permite que o painel solar se desloque na direção da máxima incidência da luz solar.

CAPÍTULO 1

1.1 INTRODUÇÃO

O sol é uma fonte abundante de energia e esta energia baseada no sol pode ser aproveitada eficazmente utilizando células fotovoltaicas alimentadas pelo sol e impacto fotovoltaico para transformar a energia em energia eléctrica. Em todo o caso, a produtividade de transformação de uma célula fotovoltaica comum é baixa. Uma das principais razões para isso é que a produção da célula fotovoltaica depende diretamente da intensidade da luz e, uma vez que a posição do sol no céu varia constantemente de tempos a tempos, a capacidade de absorção do painel solar imóvel será ligeiramente inferior em algumas horas do dia e do ano, uma vez que as células solares fotovoltaicas são mais eficientes quando estão perpendiculares ao sol. É também importante otimizar a produção de energia e aumentar o desempenho dos seguidores solares. O seguidor solar ofereceu uma solução lucrativa para os países do terceiro mundo, que o podem incorporar no seu sistema solar a um custo relativamente baixo através de uma solução baseada em software. O estudo mostrou que a utilização de um motor passo a passo permite uma monitorização precisa do sol e das resistências LDR utilizadas para avaliar a intensidade da luz solar. Os investigadores concluíram que a integração do dispositivo de seguimento do painel solar se adaptaria de forma precisa e eficaz para satisfazer as necessidades de energia em várias condições de funcionamento. Um dispositivo de seguimento solar concebido com um microcontrolador e um LDR que monitoriza dinamicamente o sol e altera a sua localização em conformidade para otimizar a produção de energia. O LDR incorporado no painel solar ajuda a detetar a luz solar, que por sua vez desloca o painel em conformidade. O seguidor solar identificou uma forma mais aperfeiçoada de otimizar o consumo de energia do painel solar a partir do sol, bastando girar o painel solar de acordo com a direção do sol. Através da comparação dos resultados, verificou-se que o feixe solar direto tende a criar mais eletricidade do que quando o painel solar já está colocado. As experiências mostraram que o desempenho dos painéis solares pode ser significativamente melhorado se os painéis solares girarem constantemente na direção do sol. O microcontrolador e a disposição dos sensores LDR podem ser utilizados para observar o sol. No entanto, devido à baixa sensibilidade e à perturbação das resistências dependentes da luz, o dispositivo era menos eficaz. O método de monitorização solar foi introduzido com a utilização de software de processamento de imagem, que incorpora a influência dos sensores e a imagem processada do sol e controla o painel solar em conformidade. Uma nova estrutura mecânica para seguidores solares com dois motores de passo de rotação livre nos eixos X e Y. A rotação foi operada de forma inteligente pelo computador microcontrolador 2K PIC 18F4560 pré-programado, que oferece uma técnica básica de programação em linguagem C. O algoritmo foi desenvolvido para determinar a intensidade da radiação solar recolhida por um instrumento sensível aos raios ultravioleta conhecido como piranómetro. O sistema foi verificado e os resultados indicam um efeito muito importante sobre a arquitetura mecânica, o algoritmo de controlo e até sobre os custos de implementação.

1.2 SISTEMA PROPOSTO

A estrutura de posicionamento global proposta rastreia a luz do dia com mais sucesso, dando pivô à placa fotovoltaica ao longo de dois cubos diversos. O rastreador é composto por quatro sensores LDR, três motores, sensor de humidade e Arduino. Um par de sensores e um motor é utilizado para deslocar o rastreador no rumo leste-oeste do sol e o outro par de sensores e o motor que é fixado na parte inferior do rastreador é utilizado para deslocar o rastreador na direção norte-sul do sol. Dois servomotores estão a ser utilizados nesta estrutura. O servomotor do suporte da placa superior segue o sol em linha reta e o servomotor da base segue o deslocamento alegórico do sol. Em caso de chuva torrencial, a produtividade da placa orientada para o sol é influenciada pela humidade na placa, por isso, quando há chuva torrencial ou neblina, o sensor de humidade reconhece e utiliza o limpa para-brisas para libertar a humidade a um nível superficial da placa. Estes servo-motores e sensores estão ligados a um microcontrolador. O microcontrolador dá a ordem aos motores com base na entrada dos sensores. Os sensores LDR detectam a luz e transmitem o sinal ao microcontrolador. Nessa altura, a nossa tensão e força são diferenciadas por um regulador de carga e a energia é guardada na bateria.

DECLARAÇÃO DO PROBLEMA

Um dispositivo de controlo solar tem uma vasta gama de aplicações para melhorar o aproveitamento do isolamento solar. O problema que se coloca é o de implementar um sistema capaz de melhorar a produção de energia solar em 30-40%. Um microcontrolador é utilizado para implementar o circuito de controlo que, por sua vez, posiciona um motor utilizado para orientar o painel solar de forma óptima.

CAPÍTULO 2

2.1 ENERGIA SOLAR FOTOVOLTAICA

Células solares, também designadas por células fotovoltaicas. Converter a luz solar diretamente em eletricidade A energia fotovoltaica (frequentemente abreviada como PV) recebe o seu nome do processo de conversão da luz (fotões) em eletricidade (voltagem), que é designado por efeito fotovoltaico. Este fenómeno foi explorado pela primeira vez em 1954 por cientistas dos Laboratórios Bell, que criaram uma célula solar funcional feita de silício que gerava uma corrente eléctrica quando exposta à luz solar. Atualmente, a eletricidade produzida a partir de células solares tornou-se competitiva em termos de custos em muitas regiões e os sistemas fotovoltaicos estão a ser utilizados em grande escala para ajudar a alimentar a rede eléctrica. Os materiais e dispositivos fotovoltaicos convertem a luz solar em energia eléctrica Um único dispositivo fotovoltaico é conhecido como célula. Uma célula fotovoltaica individual é geralmente pequena, produzindo tipicamente cerca de 1 ou 2 watts de potência. Estas células são feitas de diferentes materiais semicondutores e têm frequentemente menos do que a espessura de quatro fios de cabelo humano. Para resistir ao ar livre durante muitos anos, as células são ensanduichadas entre materiais protectores numa combinação de vidro e/ou plástico.

Figura 2.1: Painel solar

Para aumentar a potência de saída das células fotovoltaicas, estas são ligadas em cadeia para formar unidades maiores, conhecidas como módulos ou painéis. Os módulos podem ser utilizados individualmente, ou vários podem ser ligados para formar matrizes. Uma ou mais matrizes são então ligadas à rede eléctrica como parte de um sistema FV completo. Devido a esta estrutura modular, os sistemas fotovoltaicos podem ser construídos para satisfazer quase todas as necessidades de energia eléctrica, pequenas ou grandes.

Os módulos e matrizes fotovoltaicos são apenas uma parte de um sistema fotovoltaico. Os sistemas também incluem estruturas de montagem que apontam os painéis para o sol, juntamente com os componentes que recebem a eletricidade de corrente contínua (CC) produzida pelos módulos e a convertem em eletricidade de corrente alternada (CA) utilizada para alimentar todos os aparelhos da sua casa. Os maiores sistemas fotovoltaicos do país estão localizados na Califórnia e produzem energia para os serviços públicos distribuírem aos seus clientes. A central fotovoltaica Solar Star produz 579 megawatts de eletricidade, enquanto a Topaz Solar Farm e a Desert Sunlight Solar Farm produzem 550 megawatts cada.

2.2 FUNCIONAMENTO DA ENERGIA SOLAR FOTOVOLTAICA

A célula fotovoltaica é constituída por uma ou duas camadas de um material semi condutor, geralmente silício. Quando a luz incide sobre a célula, cria um campo elétrico através das camadas, provocando o fluxo de eletricidade. Quanto maior for a intensidade da luz, maior será o fluxo de eletricidade. As células fotovoltaicas são referidas em termos da quantidade de energia que produzem em plena luz solar: conhecida como quilowatt-pico ou kWp.

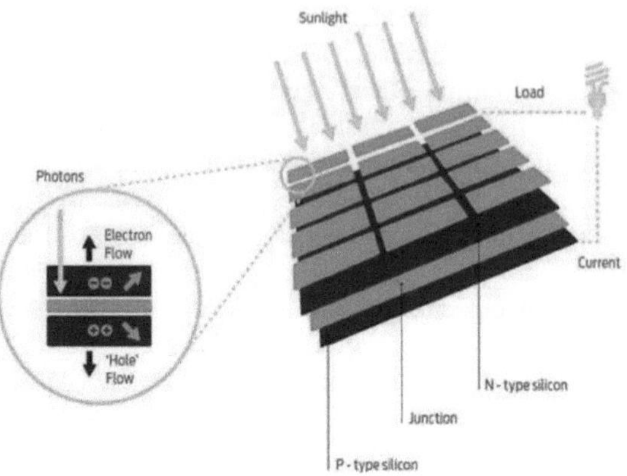

Figura 2.2: Funcionamento do painel solar

A célula solar é o elemento básico da tecnologia solar fotovoltaica. A maioria das pessoas está familiarizada com as células solares fotovoltaicas que alimentam as calculadoras. Estas células são ligadas entre si para formar um módulo (painel solar fotovoltaico). Os módulos fotovoltaicos recolhem a energia solar sob a forma de luz solar e convertem-na em eletricidade de corrente contínua (DC). Um inversor pode converter esta energia DC em corrente alternada (AC, que é o tipo de eletricidade utilizada em sua casa). Os módulos fotovoltaicos são unidos para formar um sistema de painéis solares fotovoltaicos. Os grandes sistemas fotovoltaicos podem ser integrados em edifícios para produzir eletricidade.

CAPÍTULO 3

3.1 DESCRIÇÃO DO DIAGRAMA DE BLOCOS:

O microcontrolador examina os sinais obtidos pelos sensores LDR e, com base num sinal mais fundamentado, escolhe o curso do pivô do motor de passo. O microcontrolador é um aparelho astuto, cujas capacidades se baseiam nas informações que obtém do sensor e que, posteriormente, accionam o circuito de acionamento do motor. O regulador inicia os circuitos do driver e move os servo-motores para novas posições onde a luz que cai nos conjuntos de sensores é a mesma. Na eventualidade de surgir uma distinção, então o `movimenta a placa até que a luz que incide no sensor seja a mesma. O cálculo obtém informações dos sensores. Os sinais simples dos sensores são alterados para sinais computorizados utilizando um conversor simples para avançado (ADC). Este módulo ADC deve estar disponível no microcontrolador ou deve ser adicionado remotamente. Os sinais digitalizados são enviados para o microcontrolador. O ponto e o rolamento de desenvolvimento do servomotor são determinados quando o sinal digitalizado é obtido. Em caso de humidade, o sensor de humidade reconhece a humidade e transmite o sinal ao microcontrolador e o microcontrolador passa o sinal para o servo limpa para-brisas e a energia é guardada na bateria.

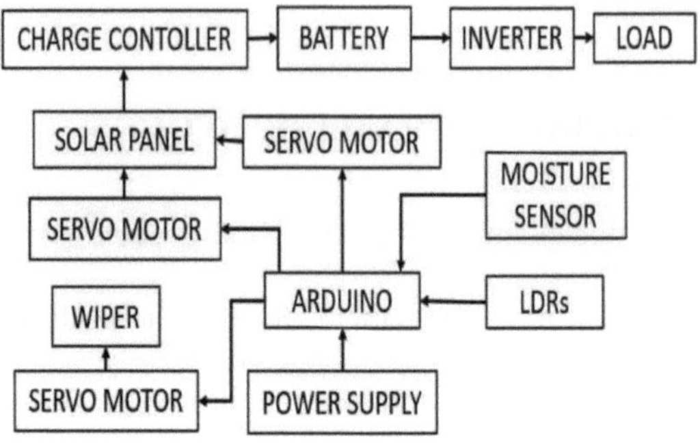

Figura 3.1: Diagrama de blocos

3.2 TRABALHO

O nosso localizador é um localizador de eixo duplo, o que significa que segue tanto em X como em Y. Em termos ainda mais simples, vai para a esquerda, para a direita, para cima e para baixo. Isto significa que, depois de ter o seu localizador configurado, nunca precisará de alterar ou ajustar nada, uma vez que o local onde o sol se move será seguido pelo localizador. Isto também impressiona as pessoas nas festas porque pode fazer com que ele siga uma lanterna. Este método dá os melhores resultados para a produção de energia.

Se quiser tornar as coisas um pouco mais simples, pode fazer um seguidor de eixo único, um que faça apenas X ou Y. Para simplificar, fará apenas da esquerda para a direita ou apenas para cima e para baixo. Normalmente, as pessoas fazem um seguidor de eixo X (da esquerda para a direita) e, em seguida, colocam o painel a 45 graus para Y. Isto continua a proporcionar quantidades muito elevadas de produção de energia e, ao mesmo tempo, elimina metade das peças móveis. Esta abordagem é frequentemente utilizada em seguidores "burros" que não são controlados por computador.

Em caso de chuva ou de humidade numa área elevada, a humidade na superfície do painel fotovoltaico solar pode afetar a sua eficiência. No caso de o sensor de humidade colocado no topo do painel fotovoltaico solar detetar humidade, envia um sinal para o Arduino que, por sua vez, comanda o Servo para mover o limpa para-brisas para secar o topo do painel fotovoltaico solar.

3.2.1 Seguimento ativo ou seguimento programado

O nosso localizador é um localizador ativo que é controlado por um programa de computador (através de um Arduino). Isto significa que usamos sensores para encontrar a fonte de luz mais brilhante em todos os momentos. Se pegássemos numa lanterna e a apontássemos para os sensores, o localizador segui-la-ia. Embora este seja o tipo de rastreio mais interativo e excitante que se pode construir, também é excessivo para configurações maiores. O sol é altamente previsível. Se puder consultar facilmente a hora de cada nascer e pôr do sol nos próximos 100 anos, bem como utilizar alguma matemática simples para descobrir o ângulo do sol em relação à sua localização em qualquer altura do ano. Com isto em mente, muitas pessoas acabam por utilizar um localizador programado. Este sistema utiliza um programa de computador que altera o ângulo do painel com base na data, hora e localização física. Embora não seja tão sofisticado ou excitante como um localizador ativo, é de facto muito mais eficiente desde que tudo esteja corretamente configurado. Pode ter a certeza de que o seu painel está no local matematicamente mais eficiente possível, mesmo com nuvens pesadas.

CAPÍTULO 4

COMPONENTES DE HARDWARE

4.1 SOLAR PV ARRAY

Um sistema de fenómeno elétrico, um sistema fotovoltaico ou um sistema de energia solar, que pode ser uma instalação concebida para produzir energia solar utilizável por meio da energia fotovoltaica. É constituído por um conjunto multifacetado de peças, incluindo painéis solares para absorver e transformar a luz solar em eletricidade, um inversor solar que transforma a energia de corrente contínua em corrente alternada, bem como a instalação, os fios e outras fontes de alimentação. Deverá também utilizar um dispositivo de monitorização solar para aumentar a eficiência global do sistema e fornecer uma solução de bateria optimizada, pelo que se prevê uma diminuição dos custos de armazenamento. Em circuitos em série e/ou em paralelo, as células fotovoltaicas são ligadas eletricamente para gerar tensões, correntes e níveis de potência mais elevados. Estes são os elementos básicos dos sistemas fotovoltaicos. Os módulos fotovoltaicos são constituídos por circuitos de células fotovoltaicas envoltos num laminado ambiental. Um ou mais módulos fotovoltaicos instalados como uma unidade pré-cablada e instalável no terreno constituem painéis fotovoltaicos. Uma unidade de produção de energia completa, composta por uma variedade de módulos e painéis fotovoltaicos, é um conjunto fotovoltaico.

4.2 FOTORESISTOR

Nos projectos de circuitos electrónicos, as resistências dependentes da luz, LDRs ou foto-resistências são frequentemente adicionadas quando se pretende detetar a presença ou o nível de luz. Estes componentes electrónicos podem ser identificados por vários termos, como resistência, LDR, foto-resistência ou mesmo fotocélula, fotocélula ou fotocondutor (fotocélula). Embora também seja possível utilizar outros elementos electrónicos como fotodíodos ou transístores fotostáticos, os LDR ou foto-resistências são especialmente convenientes para muitos projectos de circuitos electrónicos. Eles fazem uma grande melhoria na resistência ao nível da luz. As resistências fotográficas, também designadas por resistências de proteção contra a luz, são dispositivos delicados que demonstram regularmente a presença ou ausência de luz, ou que vivem a potência da luz. Na obscuridade, sua obstrução é excecionalmente alta, muitas vezes até 1MΩ, mas quando o sensor LDR é apresentado à luz, a oposição cai drasticamente, até mesmo até um par de ohms, dependendo da força da luz. Os LDRs têm uma afetividade que flutua com a frequência da luz aplicada e são dispositivos não lineares. São utilizados em numerosas aplicações, mas são aqui e ali tornados obsoletos por diferentes aparelhos, como por exemplo, fotodíodos e fototransístores.

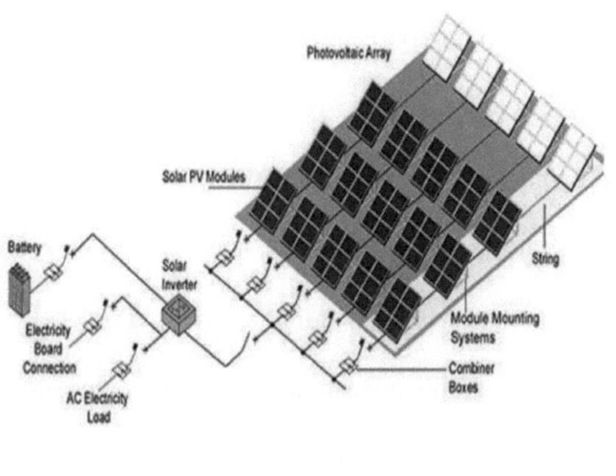

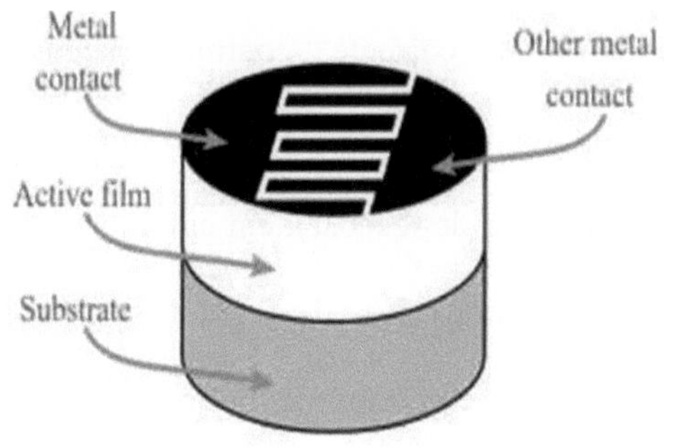

Figura 4.2: Fotoresistor

4.3 SERVOMOTOR

Um servomotor é um tipo de motor que pode girar corretamente. Este tipo de motor é normalmente constituído por um circuito de controlo cujo feedback sobre a localização real do eixo do motor ajuda os servomotores a rodar com muita precisão. Utiliza-se um servomotor quando se pretende rodar um objeto num determinado ângulo ou distância. É constituído por um motor básico que funciona através de um servo. Quando o motor é alimentado com corrente contínua, é designado por servomotor de corrente contínua e por servomotor de corrente alternada. Um servomotor vem normalmente com um sistema de engrenagens que pode ser montado em feixes compactos e leves com um servomotor de binário muito elevado. Por este motivo, são utilizados em muitas aplicações, tais como veículos de brinquedo, helicópteros RC e drones, robots, etc. O servomotor é normalmente um único motor de corrente contínua operado com um servomecanismo externo para uma rotação angular precisa (um sistema típico de controlo de feedback em circuito fechado). Hoje em dia, os servo sistemas são utilizados habitualmente em aplicações automóveis. Mesmo em carrinhos de brincar telecomandados para orientar a direção, as aplicações de servomotores são frequentemente utilizadas e também são geralmente utilizadas como acionamento para mover um tabuleiro num leitor de CD ou DVD. Além disso, na nossa vida quotidiana, continuamos a ver centenas de aplicações de servomotores.

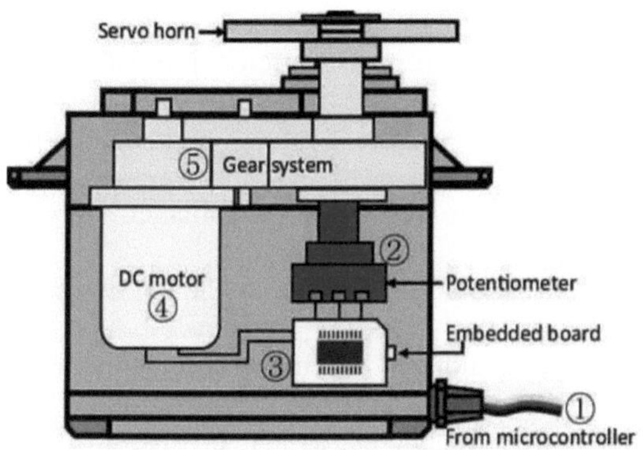

Figura 4.3: Servomotor

4.4 Arduino UNO

É uma placa de sistema eletrónico desenvolvida por Arduino.cc com base no Amega328. Os dispositivos electrónicos são cada vez mais compactos, versáteis e económicos, podendo fazer mais do que os seus congéneres e cobrindo uma área maior, e sendo mais dispendiosos por desempenharem menos funções. Para promover o nosso trabalho, inclusive com ligações remotas à automação, o microcontrolador foi implementado na indústria eletrónica. O Arduino é uma plataforma eletrónica de software e hardware, de código aberto. As entradas - luz para o sensor, dedo para um botão ou uma publicação no Twitter - são lidas e traduzidas numa saída pelas placas arduino, ativação do motor, ativação do LED, publicação online de algo. Ao enviar uma ordem para o microcontrolador na placa, está a dizer à placa o que fazer. Para o efeito, utiliza-se a linguagem de programação do Arduino (centrada na cablagem) e o software do Arduino (IDE), baseado no Processing. Ao longo dos anos, o Arduino tem contribuído para milhares de empreendimentos, desde artefactos do quotidiano a uma grande variedade de instrumentos científicos sofisticados.

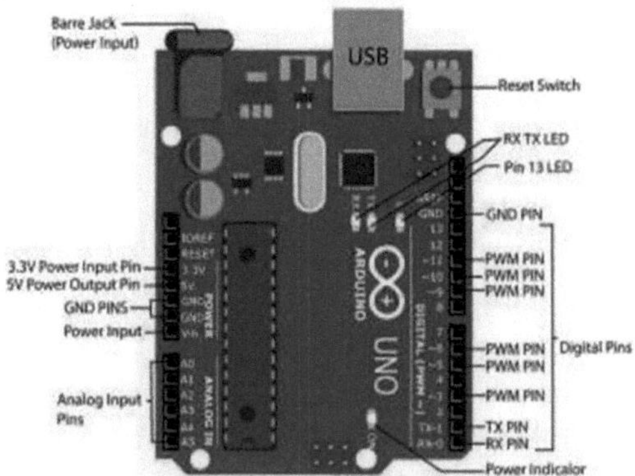

Figura 4.4 Arduino UNO

4.5 HUMIDADE SENSOR

Os sensores de humidade medem o teor volumétrico de água no solo. Uma vez que a medição gravimétrica direta da humidade do solo livre requer a remoção, secagem e pesagem de uma amostra, os sensores de humidade do solo medem o teor volumétrico de água indiretamente, utilizando outra propriedade do solo, como a resistência eléctrica, a constante dieléctrica ou a interação com neutrões, como substituto do teor de humidade. O sensor de humidade do solo utiliza a capacitância para medir a permissividade dieléctrica do meio circundante. No solo, a permissividade dieléctrica é uma função do teor de água. O sensor cria uma tensão proporcional à permissividade dieléctrica e, por conseguinte, ao teor de água do solo. O sensor de humidade do solo tem duas placas condutoras. A primeira placa está ligada à alimentação de +5Volt através de uma resistência em série de 10K ohm e a segunda placa está ligada diretamente à terra. Funciona simplesmente como uma rede de polarização do divisor de tensão e a saída é obtida diretamente do primeiro terminal do pino do sensor, que é apresentado na figura acima.

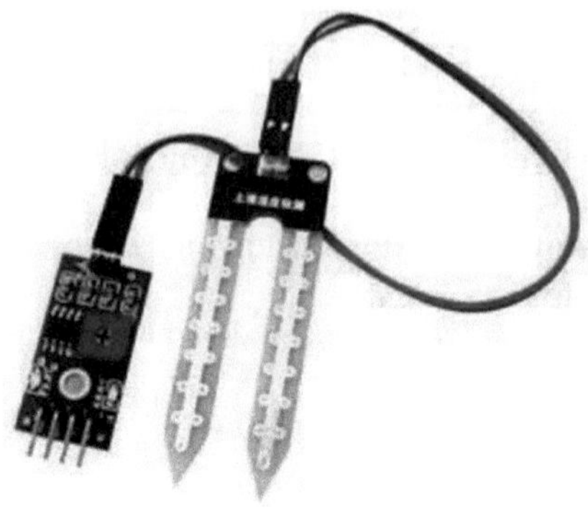

Figura 4.5 Sensor de humidade

4.6 BUCK CONVERSOR

Um conversor buck (conversor abaixador) é um conversor de corrente contínua para corrente contínua que reduz a tensão (enquanto consome menos corrente média) da sua entrada (alimentação) para a sua saída (carga). É uma classe de fonte de alimentação de modo comutado (SMPS) que contém normalmente pelo menos dois semicondutores (um díodo e um transístor, embora os conversores buck modernos substituam frequentemente o díodo por um segundo transístor utilizado para a retificação síncrona) e pelo menos um elemento de armazenamento de energia, um condensador, um indutor ou os dois em combinação. Para reduzir a ondulação da tensão, são normalmente adicionados filtros feitos de condensadores (por vezes em combinação com indutores) à saída (filtro do lado da carga) e à entrada (filtro do lado da alimentação) de um conversor deste tipo. Os conversores de comutação (como os conversores buck) proporcionam uma eficiência energética muito maior como conversores CC-CC do que os reguladores lineares, que são circuitos mais simples que baixam as tensões dissipando energia sob a forma de calor, mas não aumentam a corrente de saída. Os conversores Buck podem ser altamente eficientes (frequentemente mais de 90%), o que os torna úteis para tarefas como a conversão da tensão de alimentação principal (bulk) de um computador (frequentemente 12 V) para tensões mais baixas necessárias para USB, DRAM e CPU (1,8 V ou menos)

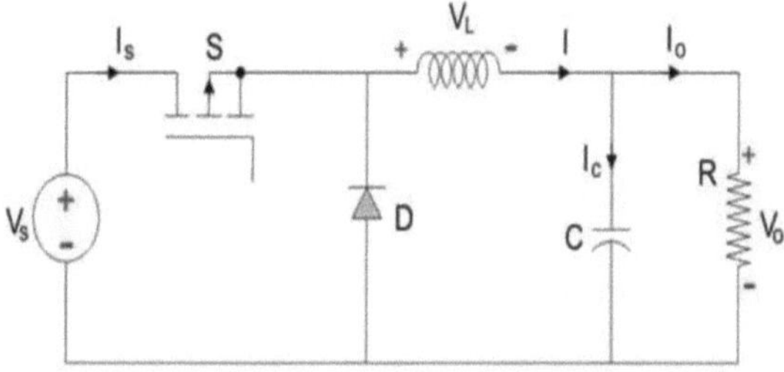

Figura 4.6: Conversor Buck

4.7 RELÉ

Desde um minúsculo controlador de luz de baixo nível até um elegante estaleiro de alta tensão, os relés podem ser encontrados em todo o lado, geralmente os relés são como o outro interrutor que pode fazer ou quebrar uma ligação, ou seja, pode ligar dois pontos ou desligá-los. Mas esta pode ser uma afirmação muito generalizada, existem muitos tipos de relés e cada relé se comporta de forma diferente pro re nata para sua aplicação, um entre os relés mais popularmente utilizados é o relé eletromecânico e, portanto, vamos nos concentrar mais nele para este texto. Apesar das diferenças na construção, o regulamento essencial de um relé é o mesmo. O relé funciona segundo o princípio da indução electromagnética. Quando o eletroíman é aplicado com alguma corrente, induz um campo de força à sua volta. A imagem acima mostra o funcionamento do relé. Os relés estão habituados a proteger o sistema elétrico e a atenuar os danos causados aos equipamentos ligados ao sistema devido a sobrecorrentes/tensões. O relé é utilizado com o objetivo de proteger o equipamento a ele ligado. Existem muitos tipos de relé e cada relé tem a sua própria aplicação. Um relé normal e habitualmente utilizado é criado a partir de um eletroíman que geralmente utiliza um interrutor.

O dicionário diz que o relé significa o ato de passar algo de uma coisa para outra, o mesmo significado é aplicado ao dispositivo atual porque o sinal recebido de um lado do dispositivo controla a operação de comutação no lado oposto. Assim, o relé pode ser um interrutor que controla (abre e fecha) circuitos electromecanicamente. A maior parte da operação deste dispositivo consiste em criar ou quebrar o contacto com a ajuda de um sintoma sem qualquer envolvimento humano, de modo a ligá-lo ou desligá-lo. Destina-se principalmente a controlar um circuito de alta potência utilizando um sinal de baixa potência. Geralmente, um sinal DC é utilizado para gerir o circuito que é acionado por alta tensão, como o controlo de electrodomésticos AC com sinais DC de microcontroladores.

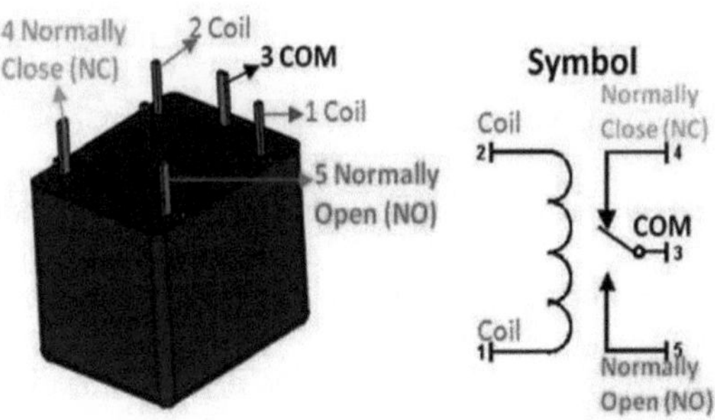

Figura 4.7: Relé

4.8 BATERIA

A eletricidade, como provavelmente já sabemos, é o fluxo de electrões através de um caminho condutor como um fio. Este percurso é designado por circuito. As pilhas têm três partes: um ânodo (-), um cátodo (+) e o eletrólito. O cátodo e o ânodo (os lados positivo e negativo em cada extremidade de uma pilha tradicional) estão ligados a um circuito elétrico. As reacções químicas na pilha provocam uma acumulação de electrões no ânodo. Isto resulta numa diferença eléctrica entre o ânodo e o cátodo. Pode pensar-se nesta diferença como uma acumulação instável de electrões. Os electrões querem reorganizar-se para se livrarem desta diferença. Mas fazem-no de uma certa forma. Os electrões repelem-se uns aos outros e tentam ir para um local com menos electrões. Numa pilha, o único sítio para onde podem ir é o cátodo. Mas o eletrólito impede que os electrões passem diretamente do ânodo para o cátodo dentro da pilha. Quando o circuito está fechado (um fio liga o cátodo e o ânodo), os electrões conseguem chegar ao cátodo. Na imagem acima, os electrões atravessam o fio, acendendo a lâmpada ao longo do percurso. Esta é uma forma de descrever como o potencial elétrico faz com que os electrões fluam através do circuito. No entanto, estes processos electroquímicos alteram as substâncias químicas no ânodo e no cátodo, fazendo com que deixem de fornecer electrões. Assim, há uma quantidade limitada de energia disponível numa pilha. Quando se recarrega uma bateria, altera-se a direção do fluxo de electrões utilizando outra fonte de energia, como os painéis solares. Os processos electroquímicos ocorrem em sentido inverso, e o ânodo e o cátodo voltam ao seu estado original e podem novamente fornecer energia total.

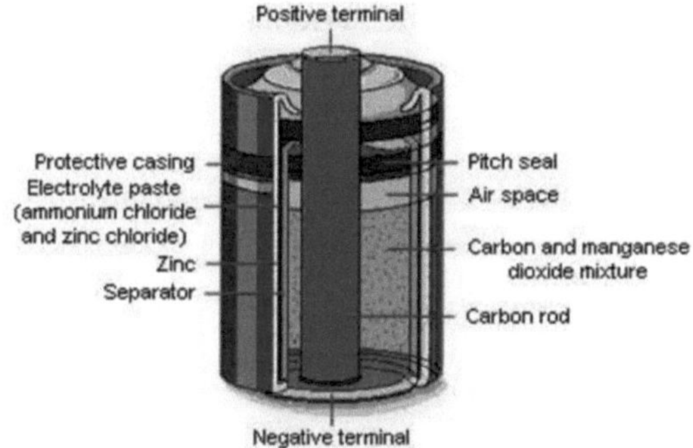

Figura 4.8.1. Bateria

Utilizações da bateria

Figura 4.8.2: Bateria

Inclui o fornecimento de energia de reserva durante uma falha de energia. Em casa, as baterias são normalmente ligadas a aparelhos eléctricos. Se a eletricidade falhar, estes aparelhos continuam a receber energia. Por exemplo, muitos clientes têm tarifas de energia que variam consoante a hora do dia. As baterias podem ajudar estes clientes a gerir a sua energia, armazenando-a durante os períodos de baixo custo e descarregando-a durante os períodos de alto custo. As baterias podem armazenar energia solar e eólica e descarregá-la quando é mais necessária.

As aplicações das baterias são apresentadas a seguir:

Casa Saúde Instrumentos Médicos

Logística e construção Combate a incêndios e emergência

4.9 LCD DISPLAY

Significa "Liquid Crystal Display" (ecrã de cristais líquidos). LCD é uma tecnologia de ecrã plano normalmente utilizada em televisores e monitores de computador. O princípio subjacente aos LCD é o de que, quando é aplicada uma corrente eléctrica à molécula de cristais líquidos, esta tende a desenrolar-se. Isto faz com que o ângulo da luz que está a passar através da molécula do vidro polarizado e também provoca uma alteração no ângulo do filtro polarizador superior. Como resultado, é permitida a passagem de um pouco de luz do vidro polarizado através de uma determinada área do LCD. Assim, essa área específica tornar-se-á escura em comparação com outras. O LCD funciona com base no princípio do bloqueio da luz. Na construção dos LCDs, é colocado um espelho refletido na parte de trás. Um plano de eléctrodos é feito de óxido de índio-estanho, que é mantido na parte superior, e um vidro polarizado com uma película polarizadora é também adicionado na parte inferior do dispositivo. Toda a região do LCD tem de ser envolvida por um elétrodo comum e, por cima, deve estar a matéria de cristais líquidos. Segue-se a segunda peça de vidro com um elétrodo em forma de retângulo na parte inferior e, na parte superior, outra película polarizadora. É preciso ter em conta que ambas as peças são mantidas em ângulos rectos. Quando não há corrente, a luz passa pela parte da frente do LCD e é reflectida pelo espelho e devolvida. Como o elétrodo está ligado a uma bateria, a corrente desta fará com que os cristais líquidos entre o elétrodo de plano comum e o elétrodo em forma de retângulo se desenrolem. Assim, a luz é impedida de passar.

Figura 4.9: Ecrã LCD

4.10 MOTOR DRIVER

As unidades de motor são circuitos utilizados para fazer funcionar um motor. Por outras palavras, são normalmente utilizados para a interface com o motor. Estes circuitos de acionamento podem ser facilmente interligados com o motor e a sua seleção depende do tipo de motor utilizado e das suas classificações (corrente, tensão). No interfaceamento do motor com os controladores, o requisito principal para o funcionamento do controlador é a baixa tensão e uma pequena quantidade de corrente. Mas os motores requerem uma tensão e corrente elevadas para o seu funcionamento. Por outras palavras, podemos dizer que a saída do controlador ou do processador não é suficiente para acionar um motor. Neste caso, não é possível fazer a interface direta dos controladores com o motor. Por isso, utilizamos um circuito de acionamento do motor ou um circuito integrado de acionamento do motor.

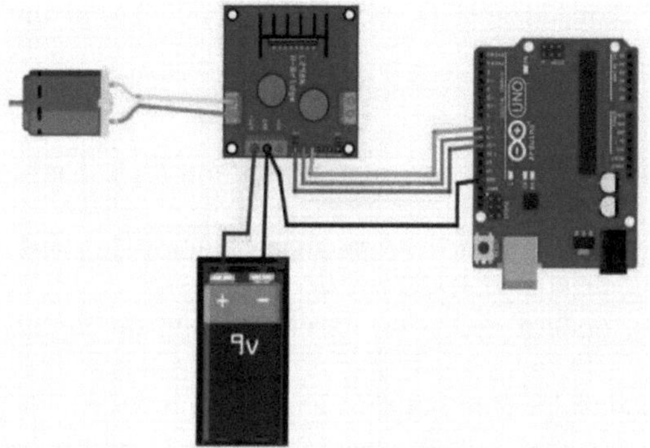

Figura 4.10.1 Acionamento do motor

Não só no caso dos controladores, mas também na ligação de motores com circuitos integrados de temporizador 555 ou circuitos integrados da série 74, que também não podem fornecer a grande corrente exigida pelo motor. Se for feita uma ligação direta, pode haver a possibilidade de danificar o CI. Os principais componentes de acionamento de motores de corrente contínua são: um controlador, um CI de acionamento do motor ou um circuito de acionamento do motor, o motor de corrente contínua pretendido, a fonte de alimentação e as ligações necessárias ao motor. Controlador: O controlador pode ser um microprocessador ou um microcontrolador. IC de acionamento do motor ou circuitos de acionamento do motor: São basicamente amplificadores de corrente que aceitam o sinal de baixa corrente do controlador e o convertem num sinal de alta corrente que ajuda a acionar o motor. Motor: O motor é definido como um dispositivo elétrico ou mecânico que pode criar um movimento. Durante a interface com o controlador, alguns dos motores, como o motor de corrente contínua, o motor de passo e o motor de corrente contínua sem escovas, podem necessitar de um circuito de controlo ou de um circuito de controlo. O motor de corrente contínua é um tipo de motor que pode converter a corrente contínua numa potência mecânica. Num motor de corrente contínua sem escovas, é constituído por uma fonte de alimentação de corrente contínua, um inversor que produz um sinal de corrente alterna para acionar o motor. Enquanto o motor de passo é um motor elétrico de corrente contínua sem escovas que converte impulsos eléctricos em movimentos mecânicos discretos. Unidade de alimentação eléctrica: Fornece a energia necessária para o acionamento do motor. Os circuitos de acionamento do motor são amplificadores de corrente. Funcionam como uma ponte entre o controlador e o motor num acionamento de motor. Os controladores de motor são feitos de componentes discretos que estão integrados num CI. A entrada para o CI de acionamento do motor ou para o circuito de acionamento do motor é um sinal de baixa corrente. A função do circuito é converter o sinal de baixa corrente num sinal de alta corrente. Este sinal de corrente elevada é então enviado para o motor. O motor pode ser um motor de corrente contínua sem escovas, um motor de corrente contínua com escovas, um motor de passo, outros motores de corrente contínua, etc.

Figura 10.2: Controlador do motor

Caraterísticas do Motor Driver Funcionalidade de alto nível. Melhor desempenho.

Fornece alta tensão.

Proporciona um acionamento de corrente elevada.

Inclui esquemas de proteção para evitar a avaria dos motores devido a quaisquer falhas.

4.11 INVERSOR:

Um inversor de potência, ou inversor, é um dispositivo ou circuito eletrónico de potência que transforma corrente contínua (CC) em corrente alternada (CA). A tensão de entrada, a tensão e frequência de saída e o manuseamento global da potência dependem da conceção do dispositivo ou circuito específico. O inversor não produz qualquer energia; a energia é fornecida pela fonte de corrente contínua. Um inversor de potência pode ser inteiramente eletrónico ou pode ser uma combinação de efeitos mecânicos (como um aparelho rotativo) e circuitos electrónicos. Os inversores estáticos não utilizam peças móveis no processo de conversão. Os inversores de potência são utilizados principalmente em aplicações de energia eléctrica em que estão presentes correntes e tensões elevadas; os circuitos que desempenham a mesma função para sinais electrónicos, que normalmente têm correntes e tensões muito baixas, são designados por osciladores. Os circuitos que desempenham a função oposta, convertendo CA em CC, são designados por rectificadores. Um inversor de potência, ou inversor, é um dispositivo ou circuito eletrónico de potência que transforma corrente contínua (CC) em corrente alternada (CA). A tensão de entrada, a tensão e frequência de saída e a potência total dependem da conceção do dispositivo ou circuito específico. O inversor não produz qualquer energia; a energia é fornecida pela fonte de corrente contínua. Um inversor de potência pode ser inteiramente eletrónico ou pode ser uma combinação de efeitos mecânicos (como um aparelho rotativo) e circuitos electrónicos. Os inversores estáticos não utilizam peças móveis no processo de conversão. Os inversores de potência são utilizados principalmente em aplicações de energia eléctrica em que estão presentes correntes e tensões elevadas; os circuitos que desempenham a mesma função para sinais electrónicos, que normalmente têm correntes e tensões muito baixas, são designados por osciladores. Os circuitos que desempenham a função oposta, convertendo CA em CC, são designados por rectificadores. Um inversor de potência, ou inversor, é um dispositivo ou circuito eletrónico de potência que transforma corrente contínua (CC) em corrente alternada (CA). A frequência CA resultante depende do dispositivo específico utilizado. Os inversores fazem o oposto dos "conversores", que eram originalmente grandes dispositivos electromecânicos que convertiam CA em CC. A tensão de entrada, a tensão e frequência de saída e a potência global dependem da conceção do dispositivo ou circuito específico. O inversor não produz qualquer energia; a energia é fornecida pela fonte de corrente contínua. Um inversor de potência pode ser inteiramente eletrónico ou pode ser uma combinação de efeitos mecânicos (como um aparelho rotativo) e circuitos electrónicos. Os inversores estáticos não utilizam peças móveis no processo de conversão. Os inversores de potência são utilizados principalmente em aplicações de energia eléctrica em que estão presentes correntes e tensões elevadas; os circuitos que desempenham a mesma função para sinais electrónicos, que normalmente têm correntes e tensões muito baixas, são designados por osciladores. Os circuitos que desempenham a função oposta, convertendo CA em CC, são designados por rectificadores.

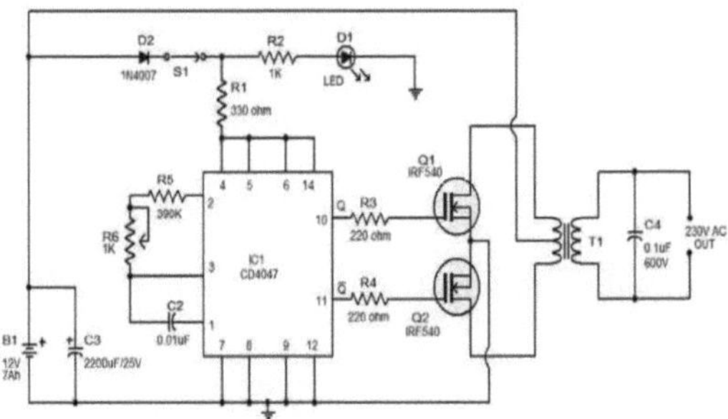

Figura 4.11 Inversor

CAPÍTULO 5

5. COMPONENTES DE SOFTWARE

Realizámos uma simulação do nosso projeto no PROTEUS. O Proteus* é uma tecnologia de software que permite criar diretrizes de apoio à decisão clínica executáveis com pouco esforço. O Proteus é o melhor software de simulação para vários projectos com microcontroladores. É sobretudo popular devido à disponibilidade de quase todos os microcontroladores. Por isso, é uma ferramenta útil para testar programas e projectos integrados para amadores de eletrónica.

O Proteus é um pacote de software para a conceção, simulação e desenho de circuitos electrónicos assistidos por computador. É composto por duas partes principais, o ISIS, o ambiente de conceção de circuitos que inclui até o simulador VSM, e o ARES, o PCB - Designer. Os componentes são:

• ISIS

• VSM

Estamos a utilizar o ISIS, que é explicado da seguinte forma:

• ISIS

O ISIS, Intelligent Schematic Input System (Sistema Inteligente de Entrada de Esquemas) é o ambiente para a conceção e simulação de circuitos electrónicos. A biblioteca de componentes inclui mais de 10.000 componentes de circuitos com 6000 modelos de simulação Prospice. Podem ser criados e adicionados à biblioteca componentes próprios.

O ISIS inclui um motor-VSM de base com suporte para a seguinte funcionalidade:

- Voltímetro e amperímetro CC/CA
- Gerador de padrões digitais
- (RS232, I2C, SPI)

Depois de simular o circuito no software Proteus, o desenho da placa de circuito impresso pode ser feito diretamente com ele, pelo que pode ser um pacote tudo em um para estudantes e amadores. O Proteus combina a captura esquemática avançada, a simulação SPICE em modo misto, a disposição da placa de circuito impresso e o encaminhamento automático para criar um sistema de desenho eletrónico completo. O ISIS fornece o ambiente de desenvolvimento para o PROTEUS VSM, o nosso revolucionário simulador interativo ao nível do sistema. Este produto combina a simulação de circuitos em modo misto, modelos de microprocessadores e modelos de componentes interactivos para permitir a simulação de projectos completos baseados em microcontroladores.

O ISIS fornece os meios para introduzir o projeto em primeiro lugar, a arquitetura para a simulação interactiva em tempo real e um sistema para gerir o código fonte e o código objeto associados a cada projeto. Além disso, podem ser colocados vários objectos gráficos no esquema para permitir a realização de simulações convencionais de tempo, frequência e variáveis varridas.

As principais caraterísticas do PROTEUS VSM incluem:

· Simulação em modo misto real baseada no Berkeley SPICE3F5 com extensões para digital

simulação e verdadeiro funcionamento em modo misto.

· Suporte para simulação atractiva e baseada em gráficos.

· Modelos de CPU disponíveis para microcontroladores populares, como as séries PIC e 8051.

· Os modelos de periféricos interactivos incluem ecrãs LED e LCD, um teclado de matriz universal, um terminal RS232 e toda uma biblioteca de interruptores, potes, lâmpadas, LEDs, etc.

· Os instrumentos virtuais incluem voltímetros, amperímetros, um osciloscópio de feixe duplo e um analisador lógico de 24 canais.

· Gráficos no ecrã - os gráficos são colocados diretamente no esquema, tal como qualquer outro objeto. Os gráficos podem ser maximizados para um modo de ecrã inteiro para medições baseadas no cursor, etc.

· Os tipos de análise baseados em gráficos incluem transientes, frequência, ruído, distorção, varrimentos AC e DC e transformada de Fourier. Um gráfico de áudio permite a reprodução de formas de onda simuladas.

· Suporte direto para modelos de componentes analógicos em formato SPICE.

Arquitetura aberta para modelos de componentes "plug-in" codificados em C++ ou outras linguagens.

Estas podem ser eléctricas, gráficas ou uma combinação das duas.

· O simulador digital inclui uma linguagem de programação do tipo BASIC para modelação e geração de vectores de teste.

· Um desenho criado para simulação também pode ser utilizado para gerar uma lista de rede para criar uma placa de circuito impresso, sem necessidade de introduzir o desenho uma segunda vez.

O Proteus Design Suite é uma aplicação Windows para captura esquemática, simulação e desenho de layout de PCB (Placa de Circuito Impresso). Pode ser adquirido em várias configurações, dependendo do tamanho dos projectos que estão a ser produzidos e dos requisitos para a simulação de microcontroladores. Todos os produtos de design de PCB incluem um router automático e capacidades básicas de simulação SPICE em modo misto.

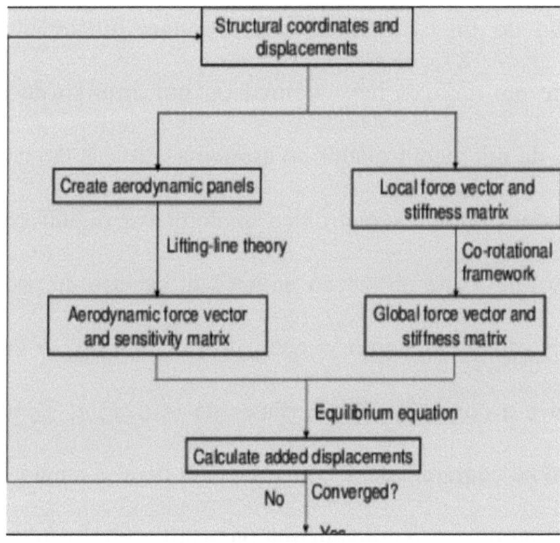

Figura 5.1: Sistema Proteus

Captura de esquemas

A captura de esquemas no Proteus Design Suite é usada tanto para a simulação de projetos quanto para a fase de design de um projeto de layout de PCB. É, portanto, um componente essencial e está incluído em todas as configurações do produto.

Simulação de microcontroladores

A simulação do microcontrolador no Proteus funciona através da aplicação de um arquivo hexadecimal ou um arquivo de depuração para a parte do microcontrolador no esquema. Ele é então co-simulado juntamente com qualquer eletrônica analógica e digital conectada a ele. Isto permite a sua utilização num vasto espetro de prototipagem de projectos em áreas como o controlo de motores, o controlo de temperatura e a conceção de interfaces de utilizador. Também pode ser utilizado na comunidade de amadores em geral e, uma vez que não é necessário hardware, é conveniente para utilização como ferramenta de formação ou ensino. Está disponível suporte para co-simulação de: Microchip Technologies PIC10, Microcontroladores PIC12, PIC16, PIC18, PIC24, dsPIC33.

Microcontroladores Atmel AVR (e Arduino), 8051 e ARM Cortex-M3 Microcontroladores NXP 8051, ARM7, ARM Cortex-M0 e ARM Cortex-M3

Texas Instruments MSP430,PICCOLO DSP e microcontroladores ARM Cortex-M3.

Carimbo básico Parallax, microcontroladores Freescale HC11, 8086.

Desenho de PCB

O módulo de disposição de placas de circuito impresso recebe automaticamente informações de conetividade sob a forma de uma lista de rede do módulo de captura esquemática. Aplica estas informações, juntamente com as regras de desenho especificadas pelo utilizador e várias ferramentas de automatização de desenho, para ajudar a desenhar placas sem erros. Podem ser produzidas placas de circuito impresso com até 16 camadas de cobre, sendo o tamanho do projeto limitado pela configuração do produto.

Verificação 3D

O módulo 3D Viewer permite que a placa em desenvolvimento seja visualizada em 3D, juntamente com um plano de altura semi-transparente que representa o invólucro da placa. A saída STEP pode então ser utilizada para transferir para um software CAD mecânico, como o Solid Works ou o Autodesk, para uma montagem e um posicionamento precisos da placa.

5.2 SIMULAÇÃO DO DESEMPENHO DO SISTEMA PROPOSTO

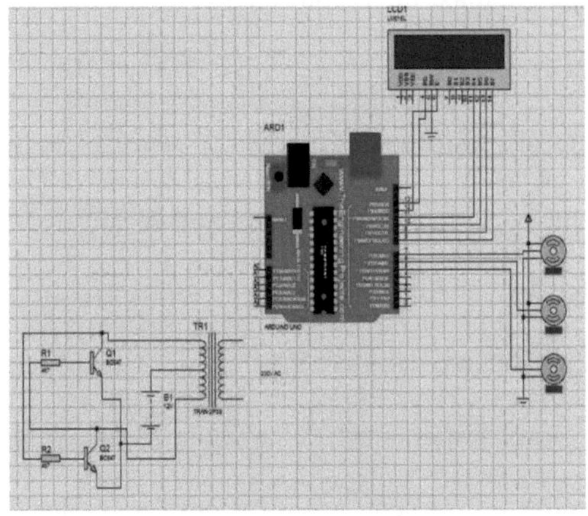

Figura 5.2: Simulação

CAPÍTULO 6

CONCLUSÃO E ÂMBITO FUTURO

CONCLUSÃO

Foi desenvolvida e apresentada uma estrutura de controlo para painéis solares. O objetivo do sistema de monitorização de painéis solares é seguir a localização do sol, a fim de aumentar o desempenho do painel solar, como se pode ver nos resultados experimentais.

Este trabalho pode ser realizado à escala industrial para apoiar países desenvolvidos como a Nigéria e a África subsariana. O nosso conselho para trabalhos futuros é considerar a utilização de sensores mais adaptáveis e potentes que consumam menos energia e sejam, portanto, económicos. Isto melhoraria a produtividade e reduziria os custos.

ÂMBITO DE APLICAÇÃO FUTURA

Fabrico de um microcontrolador utilizando conceitos ASIC: O número de fios pode ser reduzido diretamente se for feita uma placa de circuito impresso personalizada na qual todas as resistências podem ser soldadas diretamente. Isto também elimina a utilização de uma Breadboard que era utilizada para efetuar todas as ligações externas. Melhorias no projeto: Com a conceção atual, pode ver-se que o circuito do controlador roda juntamente com o painel. Isto foi feito para evitar o emaranhamento de fios. Pode ser realizada uma melhor conceção, em que apenas o painel roda e todas as outras partes estão paradas - Montagem dos painéis: Na nossa conceção, os painéis são montados num eixo horizontal fortemente apoiado em ambas as extremidades. Podemos montar os painéis diretamente num motor colocado no centro da base do painel, de modo a proporcionar um movimento Este-Oeste. Isto reduz o peso e o custo efetivo do projeto.

REFERÊNCIAS

1. Mukul Goyal, Manohar H, Ankit Raj, Kundan Kumar, Smart Solar Tracking System, International Journal of Engineering Research & Technology, Vol. 4, No. 2, pp. 367-369, fevereiro- 2015.

2. Khyati vyas, Dr. Sudhir Jain, Dr. Sunil Joshi, A Review on an Automatic Solar tracking System, International Journal of Computer Applications, 2014.

3. Priyanjan Sharma, Nitesh Malhotra, Sistema de seguimento solar utilizando microcontrolador, Actas da 1ª Conferência Internacional sobre Energia Não Convencional, pp. 77-79, 16-17 de janeiro de 2014

4. Hanif Ali Sohag, Mahmudul Hasan, Mahmuda Khatun, Mohiuddin Ahmad, Um sistema de seguimento solar preciso e eficiente utilizando o processamento de imagens e o sensor LDR, 2nd Conferência Internacional sobre Tecnologias Eléctricas de Informação e Comunicação, pp. 522-527, 2015.

5. M. Amir Abas, M. Hilmi Fadzil S, Samsudi A.Kadir, A. KhusairyAzim, Improved Structure of Solar Tracker with Microcontroller based Control "Second International Conference on Advances in Computing, Control, and Telecommunication

Technologies, pp. 55-59, 2010.

6. Syed Arsalan, Sun Tracking System with Microcontroller 8051, International Journal of Scientific & Engineering Research, Vol. 4, No. 6, pp.2998-3001, junho de 2013.

Printed by Books on Demand GmbH, Norderstedt / Germany